楽しい調べ学習シリーズ

外来生物の
ひみつ

ヒアリからカミツキガメ、アライグマまで

[監修] 今泉忠明

PHP

危険 外来生物ワースト5

自然環境や人間に害をもたらす生物をランキング!

草むらなどにひそみ、毒をもつ!

ワースト1位

タイワンハブ
📖 36ページ

ワースト2位

カミツキガメ
📖 34ページ

©Evan Pickett 2015

危険を感じると、あばれてかみつく!

©Ontley 2007

ワースト3位 アライグマ

📖 20ページ

畑をあらし、作物をぬすみ食い！

ワースト4位 アリゲーターガー

📖 45ページ

ワニのような歯で、人間をおそうことも！

ワースト5位 イノブタ

📖 26ページ

土をほりかえして農地をあらす！

外来生物のひみつ
もくじ

パート **1** 外来生物が問題になっている！

パート **2** 外来生物を知ろう！

はじめに

外来生物は身近にいる!

　最近、日本各地でヒアリの発見があいついでいます。ヒアリは、法律によって特定外来生物に指定されていますが、指定されるのは、もともとすんでいた在来生物を食べてしまったり、生態系に害をあたえたりする生物です。

　テレビや新聞などで、ヒアリが強い毒をもつ、おそろしい生物だと知った人も多いことでしょう。しかし、ヒアリだけでなく、ミドリガメ（アカミミガメ）やアメリカザリガニなど、身近な生物にも、害のある外来生物がいます。その害を防ぐには、ときにはその生物の命をうばうことも必要になります。それでも、完全に取りのぞくことはむずかしく、お金も時間もかかります。

　この本では、外来生物がなぜ日本やほかの地域にやってきたのか、人間に対してどのような害があるのかを紹介しています。外来生物による害がこれ以上大きくならないように、わたしたちはどうすればいいのか、考えるきっかけにしてほしいと思います。

今泉 忠明

外来生物が問題になっている！

外来生物って何だろう?

「外」から「来」た生物

もともとその場所にいなかった動物や植物が持ちこまれて害をもたらす外来生物になる。

持ちこまれる理由は食用や農業用、飼育用など

外来生物は、本来の生息場所ではない地域に持ちこまれた動物、植物のことをいいます。外来生物が持ちこまれる理由には、①食用、②毛皮をとる、③トマトやイチゴなどの植物の栽培で、受粉の働きをさせる農業用、④動物、植物をながめて楽しむ観賞用、動物をペットや動物園などの展示用に飼育、⑤害のある動物や虫を防除、⑥知らないうちに貨物にまぎれたり、服やくつにくっつくなどがあります。

外来生物がもたらすさまざまな影響や害

外来生物が入ると、その場所の生態系バランスがくずれます。たとえば、①在来生物を食べる、すみかや食物をうばう、②在来生物とのあいだで雑種が生まれ、固有の種を減少させ絶滅の危機に追いこむ、③草を食べつくし、雨で土が流出し、地形を変える、土砂くずれなどを起こす、④人をかむ、さす、病原菌などを運ぶ、⑤作物や魚を食べる、木を枯らす、などの影響や害をおよぼします。

害をおよぼす生物を特定外来生物に指定

日本にすみついている外来生物は、わかっているだけでも2000種類をこえています。これらの外来生物が生態系にもたらす被害が大きくなったので、2005年6月、在来生物を食べるなど、**生態系バランスをくずす動物・植物**が、「**特定外来生物による生態系等に係る被害の防止に関する法律**」（以下、「外来生物法」）の施行によって特定外来生物に指定されるようになりました。2017年11月の時点で、132種が対象です（60ページ）。

指定された生物は、原則として飼育や栽培、保管、運ぱんや、野外に放ったり植えたりすることも禁止されます。輸入するときも許可が必要で、決められた施設の中だけで飼育・栽培するといった規制があります。違反すると、罰金をはらうなどの罰を受けます。

特定外来生物に指定されると、研究目的などで許可されたもの以外は、輸入、販売、飼育が禁止される。

総合対策外来種………310種類
・緊急対策外来種
・重点対策外来種
・その他の総合対策外来種
産業管理外来種…………18種類
定着予防外来種………101種類
・侵入予防外来種
・その他の定着予防外来種

合計 429種類

環境省、農林水産省が作成　生態系被害防止外来種リスト

環境省と農林水産省は、生態系などに被害をおよぼすおそれのある外来種429種類（2016年3月時点）のリストをつくり、適切な行動をよびかけています。

リストは「緊急対策外来種」「重点対策外来種」「その他の総合対策外来種」「産業管理外来種」「侵入予防外来種」「その他の定着予防外来種」のカテゴリーに分けられ、外来生物法で規制されている特定外来生物がすべてふくまれます。

外来生物のヒミツ

生物が独自の進化をとげたガラパゴス諸島

赤 道直下にあるガラパゴス諸島は、600万年〜500万年前に海底火山がふん火してできた島じまです。これまで一度も陸続きになったことがないために生物たちの天敵がおらず、独自に進化したガラパゴスペンギン、ガラパゴスゾウガメ、ウミイグアナなどの固有の在来生物がたくさんいます。1800年代に持ちこまれたヤギは、増えすぎて島の生物に影響をあたえましたが、現在では防除の取り組みによって大幅に数を減らしています。

ガラパゴスゾウガメ

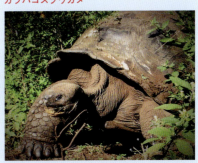

生態系をこわす

在来生物が減って絶滅の危険に
さらされると、つながりあっている、
生態系のバランスがこわれてしまう。

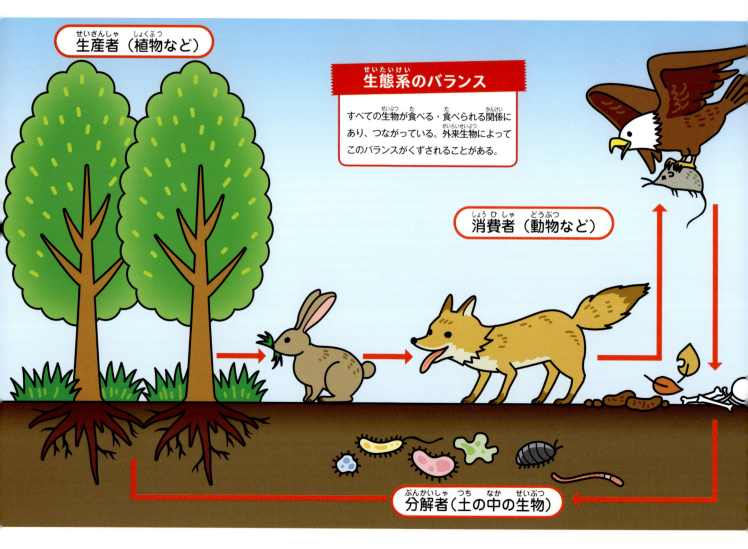

生産者（植物など）

生態系のバランス

すべての生物が食べる・食べられる関係に
あり、つながっている。外来生物によって
このバランスがくずされることがある。

消費者（動物など）

分解者（土の中の生物）

自然環境と生物のデリケートなバランス

生態系とは、**ほかの生物と関係しあって生きる生物たちと、それらをとりまく自然環境のことです。**

植物の葉や実は昆虫や鳥が食べ、昆虫は小動物に、小動物は大きな動物に食べられます。そのフンや死がいは、ふん虫や菌類が分解して土の養分となり、植物はそれらを吸い上げ、太陽をあびて成長します。

ある生物が急に少なくなると、つながりあえなくなり、生態系のバランスがくずれてしまいます。

すみかや食物をめぐり生き残りをかけて競う

外来生物は、新しい場所ですみかや食物が必要になるので、すめる場所や食べられる食物が見つかれば自分のものにしようとします。在来生物はそれをうばわれまいとするため、外来生物と在来生物のあいだで、生き残りをかけた競いあいが起こります。

植物の場合、在来生物が光をさえぎられて成長できないことも。大きくて強い外来生物が入りこむと、在来生物は生き残れなくなります。

雑食や肉食の外来生物が 》》》
在来生物を食べてしまう

それまですんでいなかった場所に、肉食や雑食の外来生物がすみつくと、在来生物をたくさん食べてしまいます。

生物が生物を食べること自体は、生き残るためにしかたがないことです。在来生物は、ふつうに入りこんできた生物に対しては、適応していきながら対抗する方法をゆっくり見つけることもできますが、急に入ってきた外来生物には対抗する方法がわからないまま、うまくにげられず、身を守れません。

日本にしかいない、絶滅危惧種とよばれる数が少ない在来生物は、**外来生物に食べられて絶滅してしまう可能性があります。**

外来生物によって絶滅する可能性のあるヤンバルクイナ。

子孫へ下れば下るほど、
もともとの在来種の
固有性が失われていく。

雑種が増えていくと 》》》
在来生物が絶滅危機に

別の種類の生物どうしで子孫を残せる場合、その子どもは雑種になります。

外来生物と在来生物とのあいだの子どもは、2つの種がまじりあってしまいます。雑種がさらに子孫を残していくと、**もともとの種の在来生物の数が減って、いずれ絶滅してしまうおそれもあるのです。**

外来生物のヒミツ

草を食べつくして土地を弱め、環境をこわす

外来生物が入ってきてその場所の草を食べつくすと、土がむき出しになります。そこに雨が降ると、土が流れ出て地形が変わってしまったり、土が川や海に流れこんで水がよごれたりして、環境がこわれます。

また、外来生物が土をほって土手や堤防に穴をあけると地盤が弱くなります。土がくずれやすくなり、地震や洪水などの災害が起こったときに、土砂くずれが発生するなどの被害が大きくなる可能性もあります。

ヌートリアが巣穴をほり、土手に穴があく。

人間や農作物への害

外来生物は、農業や林業などの産業にも被害をおよぼし、人間の生活をおびやかす。

ヒアリ

セアカゴケグモ

カミツキガメ

外来生物が起こす問題

あばれてけがをさせたり、さしたりかんだりして毒を人間の体内に入れてしまう生物もいる。

人間にけがをさせて、健康被害を広げる

生態系をこわすだけでなく、人間にけがをさせたり病気をうつしたりして、直接害をあたえる外来生物もいます。

けがをさせるものとしては、相手にかみつくカミツキガメやワニガメ、スッポンといったカメ類やアルゼンチンアリ、毒針でさして毒を体内に注入することでおそれられているヒアリやアカカミアリ、毒をもっていてかみつくこともあるセアカゴケグモがいます。

病原体やウイルスで病気にかかる

寄生虫やウイルスなどの病原体をもつ外来生物もいるため、取りあつかいには注意が必要とされています。たとえば動物では、アライグマが狂犬病などの病原体をもつことがあります。清潔でないドブネズミは、人間に害をもたらすサルモネラ菌などを運ぶことも。スクミリンゴガイに寄生する虫のせいで、病気に感染することもあります。オオブタクサの花粉は、花粉症の原因になります。

農業や漁業、林業など 収穫にダメージが 》》》

人間をこまらせる害としては、外来生物のせいで**農業、漁業、林業などの産業が打撃を受ける**こともあります。

くだものや野菜などの農作物を食べてしまってだめにしたり、あぜ道をこわして、田んぼの水を流出させたりすることがあります。漁業では、とった魚を食べる、養殖のカキなどの成長をさまたげる、網にからんで破るなどして道具をこわす、といった被害をあたえています。

また、外国産のカブトムシやクワガタムシ、クビアカツヤカミキリが木をかじったり食べたりして、枯らしてしまうこともあります。

農業、漁業、林業のおもな被害

被害	生物
農作物や魚類、貝類の食害など	アライグマ、オオクチバス、ブルーギル、タテジマフジツボ など
田んぼや畑をふみあらす	アカゲザル、イノブタ など
あぜ道をこわす	イノブタ、アメリカザリガニ
漁業の網にからまり、破る	スクミリンゴガイ など
木を枯らして材木量を少なくし、品質を下げる	外国産カブトムシ、外国産クワガタムシ、クビアカツヤカミキリ など

アライグマにはフンを決まった場所にためるくせがある。

建物への害やフン害、ペットをおそうことも 》》》

ドブネズミやアライグマのフンやおしっこは、建物をよごします。ドブネズミは、電気ケーブルや家の柱などをかじるほか、つめで傷をつけることもあります。

また、アリゲーターガーは釣られたときにあばれるため、釣った人がけがをすることも。ガビチョウのさえずりやウシガエルの鳴き声がうるさいという騒音の害もあります。

外来生物のヒミツ

日本から来たクズがやっかいものに

クズのつるがどんどん伸びてしまう。

日本から輸出した生物が、外国で外来生物として現地の人をこまらせている例もあります。

くずもちやくずきりのもとになるマメ科のクズは、つる植物です。アメリカには独立100周年記念の観賞用として、1876年に日本から持ちこまれました。つるをはわせて庭のかざりにしたり、じょうぶな根で土の流出をふせぐために各地で植えられたりした結果、野生化して丘をおおいつくし、電線に巻きついて現地の人をこまらせています。

どうしてこんなに増えた?

外来生物を運んだのは人間

さまざまな理由によって本来すんでいない土地に、生物を持ちこんだ。

外来生物を運んだ貨物

2017年に発見されたヒアリは、貿易などで海外から運ばれてきたコンテナにいたと見られている。

人間に持ちこまれた外来生物は悪くない

外来生物は、人間の活動によってもともといなかった地域に持ちこまれた生物です。自力で移動する渡り鳥や海を泳ぎまわる魚、水流や風で運ばれる植物の種は、ある土地に自然に入ってきた動物・植物なので、外来生物とはいいません。

外来生物は世界中で問題を起こしていますが、生物自身はそこで生きようとしているだけです。**運んだ人間が悪いのです。**

わざとではなくても、外来生物は入ってくる

日本に生息する2000種類もの外来生物のほとんどは、明治時代以降に外国から持ちこまれています。これは、交通手段が発達し、人の行き来や貿易などによって物の移動が活発になったためです。

人や物が移動するにつれて、外来生物が入りこむ機会も増えました。土砂にまじる、放流用の魚にまじる、植物につく、船体にくっつくなど、思いがけず持ちこまれた外来生物もいます。

天敵をつれてきたはずが取りのぞく効果なし！？

外来生物を持ちこむ理由はさまざまです。**特定の生物が増えすぎると、防除するために天敵となる生物をよその土地から持ちこむという方法がとられる**ことがあります。

日本でもっとも知られているのは、ハブやネズミの退治用に、鹿児島県の奄美大島や沖縄県にマングースが持ちこまれた例です。じっさいはハブを食べることがほとんどなく、野生化してどんどん増え、貴重な在来生物をおそって食べてしまいました。防除にも失敗して、現在は特定外来生物に指定されています。人間のせいで悪者にされたのです。

天敵を導入したケース

導入した外来生物	駆除の目的	結果
フイリマングース	ネズミ類やハブ類の退治	ハブをほとんど食べない貴重な在来種を食べる
カダヤシ	ボウフラの退治	ボウフラ退治はできたが、増えて在来種のメダカにとってかわる
ヤマヒタチオビ	アフリカマイマイの退治	アフリカマイマイを食べず、もっと小さい在来種の貝類を食べてしまう

外来のセイヨウオオマルハナバチ（49ページ）のせいで減ってしまったクロマルハナバチ。

外来生物は在来生物との競いあいに勝つ

さまざまな理由で国内に持ちこまれた外来生物は、捨てられたり、飼育施設などからにげたりした結果、野生化して数を増やします。

外来生物は、在来生物と食物やすみかをめぐり競いあいます。日本の在来生物は、持ちこまれた外来生物よりも種として弱い場合がほとんどです。そのために、**強い外来生物は、天敵がいないと、在来生物をおしのけていくのです。**

外来生物のヒミツ

四つ葉のクローバーも、人がつれてきた

世界的に、古くから幸せのシンボルとして知られている四つ葉のクローバーは、シロツメクサというマメ科の植物の葉っぱです。在来種や畑の作物の生息場所を減らす外来の植物です。今や全国に分布してすみついています

が、1846年、オランダからの贈りものの器のあいだに、つめものとして使用されたことが、日本に分布したきっかけです。

これもまた、人間がつれてきた外来生物なのです。

シロツメクサ

防除する取り組み

道具を使ってつかまえたり
わなをしかけて待ったり
さまざまな方法で防除する。

人間の手で取りのぞく

わなをしかけてつかまえる

予防3原則は「入れない」「捨てない」「拡げない」

外来生物は、いったん国内に持ちこまれて生息地域が拡大すると、根絶することはほぼ不可能なので、まずは予防することが大切です。

環境省では予防のために、悪い影響がある外来生物は国内に「入れない」、飼育・栽培する外来生物を適切に管理してにがさない、「捨てない」、野外にすみついた外来生物の分布をそれ以上「拡げない」という3原則をかかげています。

被害をおさえるためのさまざまな防除方法

すみついた外来生物の影響を受けて、変化したり、こわされたりした生態系を取りもどすのはむずかしく、お金も手間もかかります。そこで、外来生物をつかまえて殺処分したり、取りのぞいたりします。

直接つかまえる方法のほか、わなをしかける、貨物や観光客が出入りする場所で見守ったり見張ったりする、害のある外来生物の危険を広く知らせるといった方法がとられています。

直接つかまえる、わなをしかける

　特定外来生物のように、生態系や人の健康、産業に大きな害をおよぼす外来生物は、新たな地域に入ってくることや分布が広がることを防がなければなりません。その方法は、①わなを使ってつかまえたり殺処分したりする（物理学的方法）、②殺虫剤や除草剤などの薬品をまく（化学的方法）、③天敵を導入する（生物学的方法）の３つに分けられます。

　マングースやカメ類、グリーンアノールはわなを使ってつかまえています。外来魚の場合は、１匹ずつ釣るだけでなく、網でまとめてとったり、池に強い電流を流して気絶させてつかまえたり、池の水をぬいて取りのぞいたりする方法があります。

さまざまな防除方法

網を使う
- ふくろ網……ふくろのような大きな網に追いこんで、鳥などをつかまえる。
- さで網………浅い場所で小魚などをすくってとる。
- 底引き網……漁業で使われる網で、一度にたくさんとる。
- と網…………網を投げて、はなれた場所の水中にいる外来生物をとる。

わなを使う
- かごわな……マングース用に、中に食物をいれておびきよせる。
- 粘着シート…グリーンアノールが木に登る習性を利用して、はりつかせる。
- 人工産卵床…水中にしずめてブルーギルやオオクチバスに産卵させ、卵がかえる前に引き上げる。

ぬきとる……年に数回、外来生物の植物を根からぬきとってビニールぶくろで密閉。燃えるごみに出す。

薬剤…………スクミリンゴガイに石灰ちっ素をはじめとする農薬を使う。

船の乗り降りでどろを落とし、くつ底を洗う

　外来生物を入らせないことが大切だと知らないと、どんどん増えていくので、**住民に情報をしっかり伝えなければなりません。**

　小笠原村は、外来生物対策のパンフレットやポスターをつくっています。東京都内と父島をむすぶ船の中ではビデオも放映。母島行きのははじま丸では、どろの持ちこみを禁止する船内放送をして、どろを落とすことや、くつの底を洗うことをすすめています。

外来生物のヒミツ

ヒアリ防除のためにノミバエ導入は可能？

②017年に各地で見つかったヒアリ（50ページ）は、毒の強さがおそれられています。海外の人は、日本人がこわがりすぎと感じるようですが、在来種を守るためにも、日本に入れてはいけない外来生物です。

ヒアリの天敵は、**その体に卵を産みつけて脳を食べるノミバエ**です。アメリカではヒアリ対策として一部で導入されています。ただし、ノミバエは10日しか生きられないので役に立っているかどうか不明で、日本での導入は考えられていません。

ヒアリの頭が落ちることもある。

もとの場所から出たことで、
外来生物となった

世界の外来生物

ある場所では人間に利益をもたらす動物や植物が、
別の地域に持ちこまれると害をもたらします。

ワカメ

日本では食べ物、
外国ではじゃまもの

バラスト水という船の重しとして用いられる海水の放出
により、オーストラリアなどでは、異常に増えて海の生
態系に大きな影響をおよぼしています。漁業の網や養殖
用具にからまります。

ホシムクドリ

放された100羽が、
なんと2億羽に！

ヨーロッパから持ちこまれてアメリカで放され、とても
増えました。夜はねぐらでさわぎ、フン害もひどくなっ
ています。群れがぶつかって飛行機をつい落させることも。

ナイルパーチ

生態系を大きく
変えてしまった

©smudger888 2006

漁業目的でアフリカ
のビクトリア湖に持
ちこまれた肉食の大
型魚。在来種を食べて
減らしたせいで、ホテ
イアオイなどが異常
に増え、生態系を大き
く変化させました。

ノネコ

狩りの習性で希少種
を殺してしまう

日本ではペットとして飼われますが、捨てられると野生
化します。オーストラリアなどでは防除の対象となって
います。

パート2

外来生物を知ろう！

●略字の意味

特 …「外来生物法」で飼育・栽培、運ぱんなどが規制されている外来種

「生態系被害防止外来種リスト」（環境省、農林水産省）におけるカテゴリー区分で以下を意味する。

●国内に定着が確認されており、防除のための総合的な対策が必要な外来種

緊 …対策の緊急性が高い「緊急対策外来種」

重 …対策の必要性が高い「重点対策外来種」

総 …「その他の総合対策外来種」

産 …適切な管理が必要な「産業管理外来種」

●国内に未定着だが、発見した場合、早期防除が必要な外来種

侵 …国内に導入されていない「侵入予防外来種」

定 …国内に導入されているが定着は未確認の「その他の定着予防外来種」

●危険度について

危険度	1	2	3	4	5

動物学的な危険（在来種を絶滅させる・雑種を誕生させ種を減少させる・在来種を食べる・生息環境を変える・あまり影響がない）と、人間に対する危険（有毒・けがをさせる・病気にさせる・汚くてくさい・あまり影響がない）を総合的に判断して5段階で示しています。

●生物の大きさの表し方

ほ乳類	鳥類	は虫類・両生類		魚類・甲殻類		昆虫類
体長（頭胴長）	全長	全長	甲長	全長	殻高	体長

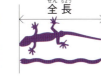

見た目はかわいいけど害だらけ

アライグマ

分類：ネコ（食肉）目アライグマ科
アライグマ属
体長：40〜60cm
体重：4〜10kg

危険度 5 特 緊

生息地域

しっぽがしま模様、
鼻の黒いたてすじと
目のまわりの黒色が
つながっている

どんな生物？

動物園からにげて野生化
木登りや泳ぎが得意

　原産地は北米で、外見はタヌキとよくにています。日本では1962年、愛知県の動物園で飼っていたアライグマが集団でにげたことが、野生化のきっかけと考えられています。

　夜行性で水辺を好み、木登りも泳ぎも得意です。知能が高く、生きのびる力があります。岩穴や木のうろなどに巣をつくり、民家の屋根うらにすみつくことも。小動物や魚、昆虫、ザリガニ、果実など、はば広く何でも食べます。1年のうち、一度に3〜6頭を出産します。

どんな害？

顔はかわいいが
多くの害をもたらす

　北海道ではニホンザリガニやエゾサンショウウオを食べる、アオサギが集団で巣を捨てる事例もあるなど、在来動物に影響をあたえています。

　農作物をぬすみ食いするほか、京都の清水寺など歴史的な建造物の天じょうに穴をあけたり、爪で傷つけたりすることも。決まった場所にフンをためるせいでにおう、気があらく人にかみつくこともあるなど、多くの害をもたらします。

　かわいい顔とうらはらに、死亡例もある狂犬病やアライグマ回虫症などに感染する危険があります。

🐾 アライグマの特徴

前足の指が長い!

食べ物をつかんだり、木に登ったりする指は、人間の手のよう。

かかとをつけて歩く!

かかとをつけて歩くため、5本の指の足あとがはっきり残る。

学習能力が高い!

前足で器用におりのカギをはずしたり、ドアをあけたりするのもお手のもの。

人間のせいで増えた

ハクビシン 重

東南アジアから中国、台湾を原産地とする中型のほ乳類で、胴長で足が短い体形です。第二次世界大戦中、毛皮目的で飼育されましたが、毛皮の質に問題があって放され、戦後に増えたと見られます。

分布が拡大したのは、飼育されていたものがにげたり捨てられたりしたことが一因のようです。日本に入ってきた経路は不明で、今後、DNA解析ではっきりすると考えられます。

木の上の生活を好みます。生息場所は、山間部から市街地にまで広がり、人間が生活するところと重なります。民家の屋根うらに入りこむ、くだものや野菜を食べるなどの被害が報告されています。

生息地域

ひたいから鼻の白い線
白鼻＝ハクビの名がつく。

分類	：ネコ（食肉）目ジャコウネコ科 ハクビシン属
体長	：61～66cm
体重	：3kg

危険度 3

外来生物のヒミツ

テレビ番組により身近な生物となった。

テレビアニメが分布拡大に影響

日本では1977年、フジテレビ系列で『あらいぐまラスカル』というテレビアニメが放映されました。この番組は、主人公の少年とペットのアライグマとの交流と成長をえがいて、人気がありました。野生動物を飼うことのむずかしさにもふれていましたが、番組の影響でアライグマの人気が上がり、日本に多数持ちこまれました。しかし、**アライグマは気があらく、あまりペット向きではありません**。もてあました飼い主が捨ててしまって野生化し、全国に分布が拡大しました。

水辺をあらす、トンボの天敵

ヌートリア

危険度　2　特　緊

分類	：	ネズミ（げっ歯）目ヌートリア科
		ヌートリア属
体長	：	50 〜 70cm
体重	：	6 〜 9kg

生息地域

前歯が
オレンジ色で、
しっぽが長い

どんな生物？ 毛皮用に持ちこまれ、養殖場の閉鎖で野生化

軍服の毛皮に使われたり、食べたりするためヌートリアが持ちこまれたのは1939年ごろ。多いときは4万頭ほど飼育されていましたが、終戦で養殖場が閉められたことで放置され、一部がにげて野生化しました。

もともとは南米原産で、現在は北米、アジア、中東、ヨーロッパに生息地域が広がっています。

陸での動きはゆっくりですが、泳ぎが得意で川の中流や下流、池や沼の周辺に巣穴をつくります。多いときは年間2〜3回出産します。

どんな害？ トンボを減少させ、堤防や土手に穴をほる

ヌートリアは、水生植物の根やくきを食べるので、そこにすむ絶滅危惧種のベッコウトンボを減少させた原因と考えられています。近年は各地でわなをしかけ、つかまえた数も増えていますが、**出産の回数や一度に生まれる数が多いため、生息数も増えていると考えられています。**

また、堤防や土手などに直径20〜30cm、1〜6mの長さの穴をほり、その構造を弱めてしまいます。さらに、水田のイネや畑のサツマイモや大豆、ニンジンなども食べてあらします。

ニホンイタチを絶滅させる？

アメリカミンク

危険度 **3**　特 重

分類：	ネコ（食肉）目イタチ科 イタチ属
体長：	36〜45cm
体重：	0.7〜2.3kg

体毛は
光沢のある
暗褐色

生息地域

©Ystad 2011

どんな生物？

毛皮用として北海道に
持ちこまれて野生化

　毛皮をとる目的で、1928年ごろに北海道に4頭持ちこまれました。**戦後、北海道を中心に養殖がさかんになり、もっとも多いときで400の飼育施設がありました。**1960年代なかごろ、にげたミンクの野生化が確認されています。

　アラスカやカナダなど北米が原産地ですが、現在はヨーロッパ全域に生息。海岸や川、沼などにすみ、泳ぎが得意。5〜6mの深さまでもぐることもできます。小型のほ乳類や鳥類、甲殻類、魚類をつかまえて食べます。

どんな害？

タンチョウのひななど
貴重な在来種を食べる

　北海道をはじめ、長野県の千曲川流域や福島県の阿武隈川流域での野生化が確認され、北海道では、小型のほ乳類や特別天然記念物のタンチョウのひな、絶滅危惧種のニホンザリガニなどの在来生物を食べています。**釧路湿原では、ミンクの生息地が急速に拡大したために、在来種のニホンイタチがほぼ絶滅したのではないかと推測されています。**

　千曲川や沿岸の養殖場で魚を食べるほか、水鳥の卵やひな、飼育されているニワトリを食べる被害も報告されています。

ハブを退治できず、かえって害に

フイリマングース

分類	：	ネコ（食肉）目マングース科 エジプトマングース属
体長	：	25～37cm
体重	：	0.4～1kg

危険度 **4** 特 緊

生息地域

体は灰色で
耳が小さく、
頭は丸く見える

どんな生物？

雑食性で、ハブや ネズミ退治用に導入

　毒ヘビの毒に強く、かまれても死なないといわれていました。**ハブとネズミの天敵として、1910年に沖縄島と渡名喜島に、ガンジス川の河口付近からつれてこられ、その後は奄美大島でも生息が確認されました。**DNA解析で、日本に定着しているのはフイリマングースと判明しています。

　体はイタチに似て細長く、すばやく動きます。森林や草原に巣穴をつくり、昆虫や小動物、鳥、果物など何でも食べる雑食性です。年2回、一度に2～3頭出産します。

どんな害？

絶滅危惧種、在来種以外の 農作物も食害に

　マングースは昼に活動するため、夜に活動するハブとあうことが少なく、ハブ退治にはあまり効果がありませんでした。沖縄県ではヤンバルクイナや県の鳥であるノグチゲラ、奄美大島ではアマミノクロウサギといった絶滅危惧種や在来種を食べてしまうほか、農作物や飼育場のニワトリを食べる被害も報告されています。

　環境省は生態系保護のため、2000年から本格的な防除を開始。**わなやにおいをたどって探す犬の活用によって、確実に生息数が減少しています。**

アカゲザル

ニホンザルを絶滅させるおそれも

危険度 3　特 緊

分類：サル（霊長）目オナガザル科 マカク属
体長：40〜62cm
体重：4〜10kg

生息地域

しっぽが長く、毛が赤みをおびている

実験のため日本に導入 ペットがにげて野生化

どんな生物？

原産地はアフガニスタン、インド北部、東南アジア北西部、中国南部で、動物園で展示したり、実験利用のため日本に持ちこまれました。**その後、ペットとして飼われていたものがにげだして野生化し、1995年に房総半島にすみついたと見られています。**

環境になじみやすく、熱帯林から高山にいたるまで生息可能。日本では、森林や農地が混在する場所にすみ、木の実や葉っぱ、鳥の卵やひな、昆虫などを食べます。1960年、アメリカでアカゲザルをロケットにのせて宇宙旅行をする実験が行われました。

交雑により、ニホンザルが絶滅の危機に

どんな害？

房総半島には、国の天然記念物であるニホンザルの生息地の高宕山があり、ちがう種であるアカゲザルとニホンザルの交雑（雑種が生まれること）が確認されました。

交雑が進むと、ニホンザルが絶滅するかもしれません。高宕山自然動物園では、ニホンザル164頭のうち57頭がアカゲザルとの交雑種だとわかり、2017年2月に57頭を駆除しました。

また、柿やかんきつ類など農作物の食害も報告されています。

増え方がすさまじい雑種
ふ かた ざっしゅ

イノブタ

危険度　　　　4　重
きけんど

分類	：クジラ偶蹄目イノシシ科 イノシシ属
体長	：90～180cm
体重	：50～200kg

生息地域
せいそくちいき

イノシシそっくり
だが、イノシシ
よりも大きい
おお

どんな生物？　食べるために、イノシシと ブタをかけ合わせた雑種
せいぶつ　た　あ　ざっしゅ

　イノシシとブタをかけ合わせた雑種の1代目で、
にほん　しょくよう　ねん　わかやまけんちくさんし
日本では食用としては、1970年、和歌山県畜産試
けんじょう　たんじょう　しょくよう
験場ではじめて誕生しました。食用はイノシシがオ
ス、ブタがメスの組み合わせがよいとされています。
く　あ
イノブタどうしのほか、イノシシ、ブタとも交雑し
こうざつ
ます。各地にできた飼育場からにげて野生化しまし
かくち　しいくじょう　やせいか
たが、一部は、狩猟のためにわざと放した疑いがあ
いちぶ　しゅりょう　はな　うたが
ります。
　イノブタは年に2回出産し、繁殖力はイノシシの
ねん　かいしゅっさん　はんしょくりょく
5倍といわれています。
ばい

どんな害？　土をだめにしたり、 在来種の絶滅危機も
がい　つち　ざいらいしゅ　ぜつめつきき

　イモ類などの根やミミズといった食物を探して土
るい　ね　しょくもつ　さが　つち
をほりかえすため、あぜ道や土手をこわして環境悪
みち　どて　かんきょうあっ
化をまねきます。
か
　また、東日本大震災のあと、福島県富岡町の原発
ひがしにほんだいしんさい　ふくしまけんとみおかまち　げんぱつ
避難区域で、にげたイノシシとブタのあいだの雑種
ひなんくいき　ざっしゅ
が生まれました。さらにイノブタとブタの子である
う　こ
イノブタブタ、イノブタとイノシシの子であるイノ
イノブタなども発生しました。**生息場所や食物が重**
はっせい　せいそくばしょ　しょくもつ　かさ
なる在来種が絶滅するおそれがあり、農作物にも被
ざいらいしゅ　ぜつめつ　のうさくぶつ　ひ
害があります。
がい

草を食べつくしてはげ山に
ノヤギ

危険度 **2**

緊

分類：クジラ偶蹄目ウシ科
ヤギ属
体長：120〜160cm
体重：30〜90kg

あごヒゲがある、
ツノがある
しっぽが短く、
上を向いている

生息地域

 どんな生物？ 天敵がいない島などで
管理されず自然に増加

世界中で飼われている、野生のヤギを家畜化した草食動物です。約500年前に中国や朝鮮から琉球列島に伝わったとされ、乳用ヤギは、アメリカのペリー提督により、江戸時代に小笠原諸島に持ちこまれたといわれています。

天敵がいない小笠原諸島では、あまり管理されずに飼われ、放っておいたりにげられたりした結果、自然に増えていきました。森林や草原にすみ、1日に体重の1割ほどの草や草の根、木の葉などの植物を食べます。

 どんな害？ 草を食べ海に土が流出
サンゴに影響も

繁殖力が強くてどんどん増えます。草をふみつけて枯らしたり、食べつくしたりして、ほかの生物の食物をなくしてしまいます。

草を食べつくして地面がむき出しになると、雨で土が海に流出し、海のサンゴを死なせたりします。

小笠原諸島では、生態系がこわれるおそれがあるため、東京都がノヤギ排除に取り組み、智島、兄島、弟島で根絶に成功しました。現在は父島で、おりに追いこむ、網やわなを使用するなど、対策が続けられています。

ペット用として大量に流入

シマリス
（チョウセンシマリス）

危険度　　　　3　重

分　類：ネズミ（げっ歯）目リス科
　　　　シマリス属
体　長：13〜16cm
体　重：50〜120g

せなかと顔に
しま模様
がある

生息地域

どんな生物？ **ペット用に輸入されたことが
きっかけで増える**

　日本では、エゾシマリスが北海道にのみ在来種として自然分布していましたが、そこにペット用として入ってきたのが、チョウセンシマリスやチュウゴクシマリスです。その**一部がにげたり人間に放されたりして野生化し、北海道以外の地域でも見られるようになりつつあります。**

　チョウセンシマリスは、地表をすばやく動きまわり、果実や木の実・種、昆虫などを食べます。年に1〜2回、一度に2〜7匹を出産する子だくさんな生物です。

どんな害？ **ペット用リスの管理が
在来種の絶滅を防ぐ**

　北海道ではエゾシマリスと外来種とのあいだに雑種が生まれたり、食物やすむ場所をめぐって競いあったりして、エゾシマリスが絶滅するおそれがあります。とくにチョウセンシマリスは、エゾシマリスと見分けがつきにくく、まちがえて保護対象である在来種を駆除するかもしれないため、**北海道にはチョウセンシマリスをつかまえることを禁止する区域があります。**チョウセンシマリスは輸入が禁止されましたが、チュウゴクシマリスはペット用に年3万頭ほど輸入されており、適切な管理が求められています。

何でもかじって食べる
ドブネズミ

危険度 **3** 重

分 類：ネズミ（げっ歯）目ネズミ科
クマネズミ属
体 長：11〜28cm
体 重：40〜500g

耳が小さく、体がずんぐりしている

生息地域

どんな生物？
江戸時代に流入？
水場を好む大食漢

　中国北部からロシアのシベリア、またはロシアのバイカル湖あたりで発生したと考えられています。日本には江戸時代に、貨物にまぎれて中国などから流入した可能性がありますが、くわしいことはわかっていません。

　下水や台所の流し、地下街、水田など水場を好み、こわれた下水管やコンクリートのすきまに巣をつくったり、地中に穴をほったりします。死んだ動物の肉もたいらげ、1日に体重の4分の1から3分の1の量を食べます。

どんな害？
病原体をもたらす、
家具をかじるなどの害

　在来の生物や、野鳥の卵やひなを食べて、生態系に影響をあたえる可能性があります。

　人間に対しては、台所を歩きまわったりして病原体をもたらす、家具や電気ケーブルをかじる、気があらく小さいペットをおそう、農作物を食べるなど、さまざまな害があります。

　古くからネコを飼うなど、ドブネズミを防除し続けており、現在でも、毒の食物、わな、ドブネズミがきらう超音波システムなどさまざまな方法がとられています。

シジュウカラガンを追いつめる
カナダガン

危険度 / 2　特　緊

分類	：カモ目カモ科 コクガン属
全長	：55〜110cm
体重	：2〜6.5kg

生息地域

根絶

ほおに白く太い線が入り、胸が白い。くちばしがやや長い

どんな生物？
にげた成鳥は天敵なし
危険がなく定住し増加

北米を原産地とする大型の渡り鳥です。1980年代以降、静岡県や神奈川県の相模川河口、丹沢湖、山梨県の河口湖、茨城県の牛久沼などで成鳥が確認されています。くわしくは不明ですが、日本では、飼育されたカナダガンがにげだして野生化したと考えられます。

川や湖、沼などにすむ水鳥で、水草、穀類、海草も食べる雑食性です。**天敵がいない場所で野生化したカナダガンは、おそわれるなどの危険がないため、定住します。**

どんな害？
在来種のガンを減らし
人をおそい、フン害も

日本では関東地方を中心に、最大で100羽ほど生息していましたが、外見がよく似たシジュウカラガン（胸に白い輪がある）とのあいだに生まれた雑種が、シジュウカラガンの数を減らして絶滅させるおそれがあるため、**2014年5月に特定外来生物に指定されて、防除に取り組みました。その後日本では確認されず、根絶を宣言しています。**

海外では、子育て期に巣やひなに近づく人間への攻撃、農作物の食害、フンでよごす、飛行場で飛行機にぶつかるなどの報告があります。

沖縄の貴重な生物を食べる

インドクジャク

危険度 1　　緊

分類	：キジ目キジ科 クジャク属
全長	：100〜230cm
体重	：3〜6kg

写真はメスだが、オスは首や胸が光沢のある青

生息地域

どんな生物？　ペット用として日本へにげて島じまにすみつく

　日本には、奈良時代に仏教伝来とともに中国や朝鮮半島などから入ってきたようです。

　現代になって観光客を集めるためにつれてこられたあと、飼われていたものがにげだして、沖縄の島じまなどにすみついたとされています。

　オスは光沢のある目玉模様の緑の羽をもち、メスにアピールするためにおうぎ形に広げます。低山帯の落葉樹林、農地などをすみかとして、木の実や種子、果実やクモ、トカゲ、昆虫などを食べます。一度に、3〜8個の卵を産みます。

どんな害？　絶滅危惧種のトカゲやチョウを食べてしまう

　インドクジャクは、まず沖縄の八重山諸島にすみついて自然に増えました。小浜島や新城島では、絶滅危惧種のキシノウエトカゲやアサギマダラ、オオゴマダラといったチョウ類を食べて、かなり減らした可能性があります。

　ほかにもサトウキビや野菜、家畜のえさを食べるという被害が発生しています。

　八重山諸島などでは、2000年代から防除が続いています。においを覚えさせて卵を発見する犬が役立てられています。

分類：カモ目カモ科
ハクチョウ属
全長：140〜160cm
体重：12〜23kg

水鳥を追いやる
みずとり お

コブハクチョウ

危険度 1
きけんど

総

生息地域
せいそくちいき

オレンジ色の
いろ
くちばし上部の
じょうぶ
つけねに黒いコブ
くろ

どんな生物
せいぶつ
？

地上に巣をつくる水鳥
ちじょう す みずとり
放鳥などで各地で分布
ほうちょう かくち ぶんぷ

　ヨーロッパ西部、中央アジア、モンゴル、シベリアをルーツとする、白い大型の水鳥です。日本には、1933年にはじめて八丈島に野生のコブハクチョウが飛来しました。**その後発見されたのは、ほとんどが人の手で放されたり、にげたりして、全国各地にすみついたものと見られます。**

　岸に近い草むらに巣をつくり、マコモなどの水草や昆虫、穀物を食べます。4〜5月ごろ、一度に4〜7個の卵を産卵します。冬には北海道から茨城県まで渡ってきているものもいます。

どんな害
がい
？

レンコンの食害あり
しょくがい
人間をおそうことも
にんげん

　茨城県の霞ヶ浦では、レンコンなどを食べて農家に損害をあたえています。また、子育て中はなわばり意識が強く、卵やひなの近くにくる人間をきらい、おそうこともあります。

　重大な悪影響はないものの、ハクチョウ類やカモ類、国の天然記念物のオオヒシクイなどと生息地や食物をめぐって争い、数を減らしたりするおそれがあります。北海道ウトナイ湖に生息する、アカエリカイツブリという鳥の減少にも関係していると考えられています。

さえずりが騒音になる
そうおん

ガビチョウ

危険度 **3** 　特 重
きけんど

分類：スズメ目チメドリ科
ぶんるい　　　　もくか
　　　　ガビチョウ属
　　　　　　　　ぞく
全長：21〜25cm
ぜんちょう
体重：55g
たいじゅう

目のまわりに
め
白く細いふちどり、
しろ　ほそ
全体が明るい茶色、
ぜんたい　あか　ちゃいろ
腹が灰色
はら　はいいろ

生息地域
せいそくちいき

©Charles Lam 2008

どんな生物？
せいぶつ

鳴き声が好まれて輸入され
な　ごえ　この　　　　ゆにゅう
放鳥などで全国へ
ほうちょう　　　ぜんこく

　目のまわりに細く白いふちどりがあり、そのうし
め　　　　　ほそ　しろ
ろにも白いラインが入っている小型の鳥です。この
しろ　　　　　　はい　　　　こがた　とり
ふちどりが、「まゆをえがく＝画眉鳥」という名前
がびちょう　　　　なまえ
の由来です。**中国南部、東南アジア、台湾が原産地で、**
ゆらい　　　ちゅうごくなんぶ　とうなん　　　　　たいわん　げんさんち
さえずりが美しく、江戸時代からペット用、観賞用
うつく　　　えどじだい　　　　　よう　かんしょうよう
として輸入された鳥がにげたり、飼い主が放したり
ゆにゅう　　　とり　　　　　　か　ぬし　はな
して野生化しました。
やせいか
　平地から丘にかけての林、やぶにすみ、地面を走
へいち　　おか　　　　　はやし　　　　　じめん　はし
りまわって小動物、昆虫、種子、果実などを食べて
しょうどうぶつ　こんちゅう　しゅし　かじつ　　　　た
います。水色の卵を一度に4〜5個産みます。
みずいろ　たまご　いちど　　　こう

どんな害？
がい

日本にすむ在来の鳥を
にほん　　　ざいらい　とり
減らす可能性がある
へ　　　かのうせい

　地上で食物を食べるので、同じようにやぶにすん
ちじょう　しょくもつ　た　　　　　おな
で食物を食べるアカハラやウグイスなどの日本在来
しょくもつ　た　　　　　　　　　　　　　にほんざいらい
の鳥と食物やすみかをめぐって争い、減らす可能性
とり　しょくもつ　　　　　　　あらそ　へ　かのうせい
があります。
　1980年代に北九州で野生化したガビチョウが確
ねんだい　きたきゅうしゅう　やせいか
認されて以降、分布が急拡大しました。体の色が地
にん　　　いこう　ぶんぷ　きゅうかくだい　　　からだ　いろ　じ
味で、さえずりがうるさいときらわれ、ペット人気
み　　　　　　　　　　　　　　　　　　　にんき
が低くなったことが、飼い主が飼育をやめて放すこ
ひく　　　　　　　か　ぬし　しいく　　　　　はな
とにつながり、野生化が進んだ原因のひとつとされ
やせいか　すす　げんいん
ます。

水から上がるとかみつく

カミツキガメ

危険度 5 特 緊

分類：カメ目カミツキガメ科
　　　　カミツキガメ属
甲長：最大50cm
体重：最大34kg

生息地域

頭が大きくしっぽが長い、しっぽ側の甲羅のふちがギザギザ

©Ontley 2007

どんな生物？ 何にでもかみつき 捨てられて増える

南北アメリカ大陸を原産地とする大型のカメで、日本には1960年代からペットとして輸入されてきました。何にでもかみつく性質が名前の由来です。ペットとしての人気は高いのですが、成長するにつれ、飼い主があつかいきれず捨てられて増えたようです。

沼や池、水路、河川などの、岩や水生植物がある深い場所を好み、とくに千葉県の印旛沼と印旛沼に注ぎこむ河川のまわりに、多数生息しています。魚やカエル、甲殻類、貝類、動物の死がい、水草などを幅広く食べます。

どんな害？ 在来種を食べて、生態系をみだしてしまう

すみついた場所で、さまざまな在来種を食べて減少させる、在来のカメを減らすなど、生態系をみだすおそれがあります。水から引き上げると危険を感じてひどくあばれたり、人にかみついたりします。魚をとる道具をこわす、とれた魚を食べる被害も見られます。

国内のほとんどの場所で冬をこして増殖可能と見られ、今後、分布が拡大しそうです。魚のアラなどをえさにしたわなをしかけたり、水辺を場所ごとに区切って1匹ずつつかまえる対策が効果的です。

怪獣のようにいかつい力メ
ワニガメ （定）

生息地域

不明

ピンク色の舌をゆらし
えものをじっと待つ。

北米大陸からペット用に輸入されたものがにげて野生化しました。各地で発見されていますが、まだすみついているとはいえません。

においに敏感な大型のカメで、魚やカエル、水草などを食べる雑食性です。自分からはあまり動かず、ミミズのような舌を見せてゆらし、近づいたえものを食べます。**ふだんはおだやかな性格ですが、あごの力が強く人間の指をかみちぎるほど。大けがをする危険があります。**

分類：カメ目カミツキガメ科　ワニガメ属
甲長：最大80cm
体重：最大110kg

危険度　4

ペットとしても飼われる
アカミミガメ （緊）

生息地域

目のうしろ側に、赤いラインが入る。

子どものときはミドリガメとよばれます。1950年代からペット用に北米大陸から輸入され、60年代後半ごろから野生化したものが発見されはじめました。

大型化して飼えなくなったり、サルモネラ菌に感染する原因と報道されたりしたことで、大量に捨てられたと見られています。
2016年に環境省が調べた結果、国内に約790万匹生息していることがわかりました。

分類：カメ目ヌマガメ科　アカミミガメ属
甲長：20～30cm
体重：最大2.5kg

危険度　4

高級な食材でもある
チュウゴクスッポン （総）

生息地域

甲羅はやわらかい。

ロシア、中国、ベトナム、台湾などを原産地とするカメで、1950年代から80年代、台湾から沖縄諸島の島じまに食用で導入されたものがにげて野生化したようです。沼やどろの多い河川にすみ、産卵以外はほぼ水中生活です。昆虫やカエル、魚などを食べます。

ニホンスッポンの分布地域内に定着すると、雑種が生まれたり、食物やすみかをうばいあったりするおそれがあります。

分類：カメ目スッポン科　キョクトウスッポン属
甲長：20～35cm
体重：1～2kg

危険度　3

サキシマハブを絶滅に追いやる

タイワンハブ

| 危険度 | | | | | 5 | 特 緊 |

分類：有鱗目ヘビ亜目
　　　クサリヘビ科ハブ属
全長：60～130cm
体重：1～2kg

生息地域

頭が三角形で
細かいウロコがあり、
毒牙が長い

©Evan Pickett 2015

どんな生物？

薬やマングースとの対決ショーのために輸入

　中国南部や台湾を原産地とする毒ヘビ。毒は日本のハブよりも強く危険だといわれています。1970年代から90年代、薬用やマングースとの対決といった見世物のために、沖縄にたくさん輸入されました。その結果、捨てられたり、にげたりして野生化しました。

　森林や農地、人のいる集落や高地など、さまざまな場所で生息できます。夜行性で動きもすばやく、鳥やほ乳類、カエルなどをえものにします。沖縄では6月に産卵。卵を一度に3～24個産みます。

どんな害？

在来種が絶滅危機　人がかまれる可能性も

　貴重な種のオキナワトゲネズミ、ハナサキガエルを食べるほか日本固有のサキシマハブと交配して雑種が生まれることで、サキシマハブの絶滅をまねくおそれがあります。

　フェンスで生息場所をかこって拡散を防ぐ計画もありましたが、設置場所や管理のむずかしさにより断念しました。

　ハブ全体の被害のうち、タイワンハブに人がかまれる被害は年に数件程度です。かまれても、治療する薬があります。

グリーンアノール

小笠原諸島の貴重な生物の天敵

危険度 2　特　緊

分類：	有鱗目トカゲ亜目
	イグアナ科
	アノールトカゲ属
全長：	12〜20cm
体重：	3〜7g

あざやかな緑色の体、たれさがったむらさき色ののど（オス）

生息地域

 どんな生物？

米軍貨物にまぎれ日本ににげだして野生化

　北米が原産地で、別名はアメリカカメレオン。せなかの色が黒褐色から黄緑色まで変化します。**ペット用、または米軍貨物にまぎれて日本に入ったものが、捨てられたりにげたりして野生化したと見られます。**1960年代に小笠原諸島の父島、80年代はじめには母島、80年代末には沖縄島に持ちこまれました。

　庭や農地などの木の上で暮らし、昆虫などを食べます。12〜20日に一度、卵を1個産み、春から秋にかけて産卵し続けます。

 どんな害？

島の固有の昆虫類を絶滅まぎわまで追いつめる

　父島や母島では島全体に広く生息し、数百万匹いると見られます。小笠原諸島固有のオガサワラシジミといったチョウや貴重な昆虫類、花粉を運ぶハナバチ類をどんどん食べて、絶滅させかけたり、固有の植物を減らしてしまったりしています。

　産卵の回数が多く、増えていくスピードがかなり速いため根絶はむずかしいとされています。固有の昆虫が生息する場所を中心に、粘着シートのわなや薬剤を使った方法で駆除することで固有の種を少しずつ増やしていく取り組みが続けられています。

在来種を減らし、水辺を支配
ウシガエル

| 危険度 | 2 | | 特 | 重 |

分類：カエル目アカガエル科
アカガエル属
体長：12〜18cm
体重：0.5〜0.6kg

生息地域

鼓膜がとても大きい、
後ろ足の水かきが
発達している

どんな生物？

食用人気がなくなり、捨てられて増える

北米が原産地の大型のカエルで、鳴き声は牛にそっくり。1918年に食用・養殖用として、アメリカ・ニューオーリンズから輸入されたことをきっかけに日本に入ってきました。その後も輸入、養殖希望者への配布がくり返されましたが、**食用人気がなくなって、各地で放たれた結果、自然に増えていきました。**

昼間は水辺の草むらやくぼ地にかくれ、夜に活動します。池、湖、沼などの水辺にすみ、口に入る大きさのものは、昆虫、ザリガニ、小魚、小さいヘビまでも食べてしまいます。

どんな害？

在来のカエルを減らし、生態系が危機に

ほかのカエル類を追いはらうことから、生態系に大きな影響をあたえます。秋田県では、日本固有のモリアオガエルがいなくなるなど、在来のカエルがすめなくなっています。

ウシガエルは一度の産卵数が1〜2万個に達するなど、大変な勢いで増えます。**ワニの子どもすら食べるなど、池や沼にいる水辺の生物を食べ続けて、昆虫や小動物の生息数を大きく減らしています。**成長する前や卵の状態のときに、池を干すなどして取りのぞくと効果的です。

水辺の生物を食べるやっかいもの

ブルーギル

危険度 **3** 特 緊

分類：スズキ目サンフィッシュ科 ブルーギル属
全長：20～25cm
体重：0.8～2.2kg

生息地域

えらが濃い青色、体高が高い

 **シカゴ市から寄贈後、バス釣りブームで急増**

　北米を原産地とする淡水魚です。1960年に当時の皇太子が、シカゴ市長からおくられた15匹を持ち帰りました。水産庁の研究機関で飼育・研究後、1966年に静岡県の湖に放流。食用に向かないとわかったあとは、**バス（ブラックバス）釣りブームのときに、愛好家などにより、バスのえさとして各地で放たれ、急速に増えました。**

　湖や池、堀、流れがゆるやかな川の沿岸にすみつき、水生昆虫や小魚、貝類、エビ、水草や動物プランクトンを食べます。

 在来魚をはじき出し漁業にも打撃

　滋賀県の月輪大池では、ブルーギルが急増したのと同じ時期に、モツゴという魚がいっきに数を減らしたことが確認されました。**卵や稚魚にいたるまでモツゴを食べて食物をうばうと見られ、すみついた場所で在来魚を減らし、生態系のバランスを大きく**こわしてしまいます。

　琵琶湖などでは、魚のとれ高が減り、網にからんだブルーギルをはずすときにとげがささるなど、漁業に影響も出ました。小さなため池では、池の水を取りのぞくなどの対策がとられています。

釣りブームで分布が全国に急拡大
オオクチバス（ブラックバス）

危険度 **3** 特 緊

分類	：スズキ目サンフィッシュ科 オオクチバス属
全長	：30～50cm
体重	：約2.5kg

生息地域

上あごの切れこみが目玉よりうしろ側にある

 どんな生物？

バス釣りの流行で放流され
全国に分布が急拡大

　北米が原産地の口が大きな魚で、ブラックバスの１種です。1925年、釣りや食用目的で神奈川県の芦ノ湖にはじめて放流されました。**バス釣りブームによる放流・無断放流で、その後30年で生息地域がすさまじく拡大**。特定外来生物に指定される前に、全国に分布しました。

　ダム湖や天然の沼や湖、小さなため池、河川の中流から下流などにすんでいます。水生昆虫や甲殻類、オイカワやヨシノボリなどの魚を食べるほか、共食いもします。

 どんな害？

生態系に広く悪影響
北海道では根絶に成功

　肉食性で、在来の魚を食べつくす勢いで、希少なゼニタナゴ、ジュズカケハゼ、シナイモツゴをごっそり減らします。多くの水生生物や甲殻類を食べ、それらを食物にするほかの生物の生き残りもおびやかすなど、生態系に広く影響をおよぼします。

　全国各地で池を干す、稚魚をすくう、網を張るなどの対策をしています。**北海道では電気ショッカーによって、水中に電流を流し、一時的に魚をまひさせてつかまえました**。2007年に根絶が宣言されました。

🐟 オオクチバスの特徴

じつはおいしい！

水のきれいな場所のものは、フライや天ぷらに向いている。

長生きする！

日本では平均7〜8年生きる長生きの魚。15年生きた例もある。

えものを丸のみする口！

口が大きく、直径10cm近くに達するものも。小鳥も丸のみする。

食用の魚だがじつは害あり

ニジマス 産

　カムチャッカ半島から、メキシコのバハカリフォルニアにいたる太平洋岸が原産地です。アメリカから食用のための養殖、釣り目的で1877年ごろから日本に数回持ちこまれ、1980年代まで放流がくり返されました。河川の上流にすみ、水陸の昆虫、小エビ、小魚などを食べます。にじ色の帯が特徴です。

　北海道にすみつき、サケのなかまとのあいだに雑種が生まれることも。アマゴなどと食物やすみかをめぐって争ったり、イワナなどが卵を産む場所をほりかえす、食物となる水陸の昆虫を減らすなどの被害があります。ニジマスを放流しようとする人が多いので、危険性を広く知らせる必要があります。

生息地域

分　類：サケ目サケ科
　　　　タイヘイヨウサケ属
全　長：40〜62cm

交雑や競いあいで在来種に影響する。

危険度 2

外来生物のヒミツ

バス釣り後のリリース禁止で一定の効果

　以前のバス釣りでは、釣ったあとに生きたままもう一度放すキャッチアンドリリースがよく行われていましたが、最近は放すと罰金がかかる場合があります。琵琶湖などでは、オオクチバスやブルーギルが勝手に放流されないよう、回収箱やいけすを置いたことで、効果を上げています。

　キャッチアンドリリースをすると、傷ついて死ぬ魚もいるので、禁止しなくても自然に駆除できるという意見もあります。

釣ったあと放すことが禁止された。

ボウフラもメダカも食（た）べつくす

カダヤシ

危険度（きけんど） 3

特 重

分類（ぶんるい）：	カダヤシ目カダヤシ科（もく・か） カダヤシ属（ぞく）
全長（ぜんちょう）：	3〜6.5cm
体重（たいじゅう）：	0.5〜0.7g

生息地域（せいそくちいき）

体（からだ）が青（あお）みがかっている、尾（お）ひれの先（さき）が丸（まる）い

©NOZO 2007

どんな生物（せいぶつ）？

ボウフラ退治（たいじ）に期待（きたい）して日本各地（にほんかくち）に急増（きゅうぞう）

ミシシッピ川流域（がわりゅういき）からメキシコ北部（ほくぶ）あたりの北米（ほくべい）が原産地（げんさんち）で、1910年代（ねんだい）にアメリカ、または台湾経由（たいわんけいゆ）で、ボウフラを退治（たいじ）するために日本（にほん）に導入（どうにゅう）されました。カの幼虫（ようちゅう）のボウフラを食（た）べ「カをたやす」ことから、カダヤシと命名（めいめい）されました。

流（なが）れがゆるやかな川（かわ）の下流（かりゅう）などにすみ、水質（すいしつ）が少（すこ）し悪（わる）くてもおかまいなし。昆虫（こんちゅう）や動物（どうぶつ）プランクトンなどを食（た）べる雑食性（ざっしょくせい）です。関東（かんとう）では5月（がつ）から10月（がつ）、一度（いちど）に数十匹（すうじっぴき）の仔魚（しぎょ）を体内（たいない）でふ化（か）して、月（つき）1回産（かいう）みます。

どんな害（がい）？

在来（ざいらい）のメダカが減少（げんしょう）タモ網（あみ）でつかまえる

1970年以降（ねんいこう）に、ボウフラ退治（たいじ）のために東京（とうきょう）から徳島（とくしま）、さらに徳島（とくしま）から全国各地（ぜんこくかくち）に放（はな）たれ、急拡大（きゅうかくだい）しました。すみかや食物（しょくもつ）をめぐってメダカと争（あらそ）い、メダカの成魚（せいぎょ）や卵（たまご）を食（た）べるので、在来（ざいらい）のメダカを減（へ）らす原因（げんいん）のひとつと考（かんが）えられています。

メダカと同（おな）じような場所（ばしょ）にすみ、仔魚（しぎょ）を産（う）み、産卵（さんらん）するときには水草（みずくさ）も不要（ふよう）なため、どんどん増（ふ）えます。

対策（たいさく）は、タモ網（あみ）などでつかまえたあと、メダカと区別（くべつ）して確実（かくじつ）に駆除（くじょ）する方法（ほうほう）しかありません。

管理が必要な高級食材
チュウゴクモクズガニ（シャンハイガニ）

危険度　4

特　定

分類	：エビ目イワガニ科 モクズガニ属
甲長	：7〜8cm
体重	：180g

生息地域

天然は存在せず

ハサミが毛でおおわれている、額のトゲが鋭い

出典：環境省ホームページ
(https://www.env.go.jp/nature/intro/4document/asimg.html#toku_kou)

どんな生物？
中国料理の食材で輸入され養殖で増加している

　中国沿岸部から朝鮮半島西岸を原産地とする川ガニで、中国料理の高級食材として人気です。中国から生きたまま輸入されますが、2004年に東京湾で生きたオスと死んだメスが発見されただけで、**国内にすみついておらず、福島、山形、千葉などで養殖されています。**

　秋の終わりに海に下って0.4mmほどの卵を大量に産卵・ふ化します。川をさかのぼって移動し、どろ地に穴をほってすみます。水生昆虫や水生植物を食べます。

どんな害？
雑種や病原菌が心配も国内の自然分布はなし

　めずらしい食材を食べるブームや町おこしによって、1990年代末ごろ、使われなくなった水田などで養殖がスタート。**もし野生化すれば、在来種のモクズガニとまじって雑種が生まれたり、ふれた人が病原菌に感染したりするおそれがあります。**そのため、養殖場でにげないようにかこいを高くしたり、運ぶときには適切に包装することが求められます。

　特定外来生物に指定されてからは、適切に管理するなど、許可を得た人以外は、生きたままの輸入が禁止されています。

水場を食べあらす、外来種

アメリカザリガニ

危険度　3　緊

分　類：エビ目アメリカザリガニ科
　　　　アメリカザリガニ属
体　長：8〜12cm

生息地域

ハサミは赤く、とげがある

Entomelo 2011

どんな生物？

飼料として輸入され、にげるなどして全国に分布

　メキシコ南部や北米南部が原産地です。日本には、1927年、ウシガエルのえさとして神奈川県に持ちこまれ、その後も数回にわたって持ちこまれていました。

　養殖場や一般家庭からにげるなどして、全国各地に分布が拡大しました。祭りや縁日などで売られたことも分布が広がった原因のひとつです。

　水田や用水路、湿地や湖などにすんでいて、水草や水生動物などを食べます。ペットや学習教材としても飼われている、とても身近な生物です。

どんな害？

水生の植物や小動物を食べて数を減らす危険も

　水草や水生の小動物を食べて数を減らしたり、日本固有のニホンザリガニと食物やすみかをめぐって争い、ニホンザリガニを減らし絶滅させる心配があるほか、水田でイネを傷つけ、農業にも害をおよぼします。

　小さい池にいるものはつかまえる、かくれ家となる空きカンやビニールぶくろなどのごみをなくすなどの方法で被害を防げます。また、日本のザリガニと思いこんでいる人も多いので、生態系をこわす外来生物だと知ってもらうことも大切です。

在来の魚を食べて減らすおそれのある魚
アリゲーターガー

危険度 **4**

特 定（予定）

分　類：ガー目ガー科
　　　　アトラクトステウス属
全　長：1〜3m
体　重：50〜100kg

生息地域

上あごの歯が2列、口先が長い

どんな生物？

世界最大級の肉食魚
ペットとして人気

　ワニのような見た目の巨大な肉食魚で成長が早く、最大で3mに成長するものもいます。アメリカ南東部からメキシコ東部が原産地です。日本には飼育目的で持ちこまれましたが、正確な年代は不明です。

　ペットとして人気があり、ペットショップで売られています。**大きくなりすぎて飼えなくなった人が捨てたものが、各地で発見されています。**2017年5月に名古屋城の外堀で見つかってつかまえられました。広い川の流れがゆるやかな場所や湖などにすみ、魚を食べます。

どんな害？

在来種の絶滅を防ぐため
外来種に指定へ

　アリゲーターガーは、北米や中米の一部に生息していますが、近年は日本でも見つかっています。アリゲーターガーがもし日本に定着すれば、**在来の魚を食べて数を減らすおそれがあります。そのため、2018年に特定外来生物に指定される予定です。**

　ペットとして飼う人が多いので、注意をよびかける期間をもうけ、2018年4月から規制の対象になります。

　指定後は、勝手に捨てないことはもちろん、すでに飼育していても許可を得なければなりません。

分　類：盤足目リンゴガイ科
　　　　リンゴガイ属
殻　高：3～8cm

農作物を食べてしまう巻貝

スクミリンゴガイ

危険度 **2**　　重

生息地域

全体がまるく、
らせんの下の部分が広い、
卵がピンク

©uchiyama ryu/Nature Production

 どんな生物？

食用に持ちこまれ、捨てられて増加

　南米が原産地の大きな巻貝です。食用として、1981年に台湾から和歌山県と長崎県に入ってきました。その後は全国に500カ所の養殖場ができましたが、**にげたり洪水で流出したものがイネなどを食べてしまい、農林水産省が1984年に有害動物に指定しました。**

　養殖場も閉じられ、捨てられたものが関東より西の地域でいっそう増えました。

　田んぼや水路などにすみ、3～4日ごとにピンク色の小さな卵を200～300個産みます。

 どんな害？

イネを食べる食害や、寄生虫で感染症のおそれ

　九州を中心に、イネなどの農作物を食べてしまう被害が出ています。雑草を取りのぞくためにスクミリンゴガイを水田に放流する農家もあります。

　近年はそのかわりに、イネ以外の雑草や昆虫などを食べるアイガモやコイを活用する方法が注目されています。

　広東住血線虫という寄生虫を宿す場合があり、加熱がじゅうぶんでないものを食べると感染して死ぬ危険もあります。水中ではふ化できないため、駆除する場合は卵のかたまりを水に落とすと効果的です。

日本のハマグリを減らす

シナハマグリ

危険度　2　　総

分類	：	マルスダレガイ目
		マルスダレガイ科ハマグリ属
殻高	：	8〜15cm

生息地域　不明

からに厚みがあり光沢がない、からに赤褐色のはん点や山形模様

 どんな生物？

食用で輸入されて分布拡大 どろの干潟に生息

朝鮮半島から中国沿岸を原産地とする二枚貝です。1960年代から食用に大量輸入され、1969年からは三重県で養殖がスタート。しおひがり用に各地で放流されたり、養殖用のものが流出したりして分布が拡大しました。

現在、国産のハマグリは干潟が少なくなり減少。国内で流通しているもののほとんどがシナハマグリで、どろの干潟に生息し、海水をエラでこしとってプランクトンを食べます。夏から初秋にかけて産卵します。

 どんな害？

雑種の誕生によって 国産ハマグリが消える

シナハマグリは、うめ立てが進み、干潟が少なくなるなかで減少してきた国産ハマグリの代用という役割をになっています。国産のハマグリと区別がつかない人も多いようです。

国内各地では、シナハマグリとハマグリの中間のようなハマグリが見られるようになりました。2種類のハマグリの雑種が各地にすみついていると考えられています。雑種かどうかは、くわしく調べてみないとわかりませんが、国産のハマグリはいずれ消えるおそれがあります。

貝の成長をさまたげる小型のフジツボ

タテジマフジツボ

危険度 / 2

総

分類：無柄目フジツボ科
殻高：0.7〜1.2cm

生息地域

からの表面は
白に青むらさきの
たてじま模様

どんな生物
？

船などにくっついて 日本に入り全国に分布

　西南太平洋を原産地とする小型のフジツボで、1937年には日本各地で発見されています。**日本にどのように入ってきたかは不明ですが、船にくっついたり船底の重しとして使うバラスト水にまじり、フィリピンから入ってきたようです。**60年代には全国に分布が拡大しました。

　港湾などで船底やさん橋などにくっつき、満潮のときに足をのばしてプランクトンを食べます。塩分濃度の低いところや乾そうするところでも生息することができます。

どんな害
？

カキやアコヤガイの 成長をじゃまする

　養殖中のカキや真珠をつくるアコヤガイに付着して、貝がらを開閉しにくくするなどして、成長をじゃまします。**また、船や工場の取水施設にくっついて、よごれのもとになったり、建物を傷つけてこわしたりします。**発電所の導水管について水流を弱め、発電しにくくする被害もありました。

　生命力が強く、在来のサラサフジツボや、コンブ、ワカメ、ヒジキといった固着生物と生息場所などをめぐって競いあい、減少させてしまうと見られますが、くわしいことはわかっていません。

受粉のチャンスを減らすハチ

セイヨウオオマルハナバチ

分　類：ハチ目ミツバチ科
　　　　マルハナバチ属
体　長：1～2.2cm

危険度　3　　特　産

お尻が白く、首まわりがあざやかな黄色、顔が短い

生息地域

トマトの温室栽培用に輸入後、にげて野生化

もともとはヨーロッパに分布し、1991年に静岡県が農業試験場に導入してトマトの温室栽培で受粉に成功。翌年から人工的につくられた群れ（コロニー）をベルギーやオランダなどから輸入しました。

そんななか、温室からにげたものが北海道にすみついたようです。ほかの都府県の野外でも見つかる例があり、分布が拡大しています。

ネズミの古巣を利用して、土のなかに巣をつくるほか、捨てられたいす、床下の断熱材なども、すみかとしています。

病気や巣ののっとりで在来種の生息がピンチ

導入された当初から野生化が心配されていたとおり、雑種の誕生や病気の持ちこみ、巣ののっとり、花や巣をつくる場所をめぐっての競いあいなどの影響があり、在来のマルハナバチの生息をおびやかしています。

舌がおしべに届かないときは、おしべにふれず花びらに穴をあける「盗みつ」という方法でみつを集めるため、花の受粉の役に立ちません。

在来種の減少や盗みつが受粉の機会を減少させ、植物の増殖もさまたげます。

日本にすみつかせてはいけないアリ

ヒアリ

| 分類：ハチ目アリ科 |
| トフシアリ属 |
| 体長：2～6mm |

危険度 4　特　侵

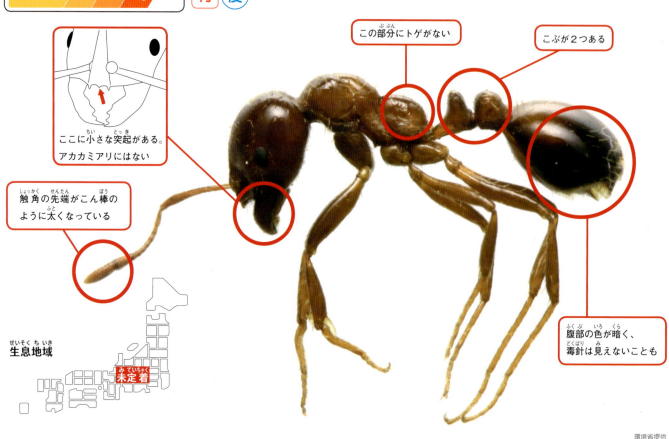

この部分にトゲがない

こぶが2つある

ここに小さな突起がある。アカカミアリにはない

触角の先端がこん棒のように太くなっている

腹部の色が暗く、毒針は見えないことも

生息地域

未定着

環境省提供

2017年に国内で初確認 巣は見つかっていない

南米が原産地で、別名はアカヒアリです。近年は中国や台湾、オーストラリアなどに分布が拡大していますが、その経路は不明です。

日本では2017年5月、兵庫県で貨物にまぎれて見つかったものがヒアリの初確認で、その後も埼玉、東京、神奈川、静岡、愛知、大阪、福岡、広島、大分、岡山、京都の港湾やコンテナ付近で発見されています。

荒地などの開けた場所でアリ塚をつくってすみかとし、昆虫、花のみつなどを食べます。幸いにも、日本ではまだヒアリの巣は見つかっていません。

さされると激しい痛み 地上で増える前に対策

強い毒があり、人や家畜を毒針で何度もさします。さされると熱いと感じる激しい痛みやかゆみが出ます。重度になると呼吸困難におちいり、意識がもうろうとすることも。

農作物を食いあらしたり、建物や電子回路に入り、火災の原因になることもあります。

日本にすみつくと、在来のアリがヒアリにとってかわられ、絶滅しかねません。貨物にまぎれて入りこんでも、港やコンテナなどの点検や見回りを強化して、地上で増やさないことが大切です。

集団で別のアリをおそうことも
アルゼンチンアリ 特 緊

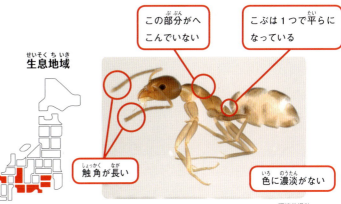

この部分がへこんでいない

こぶは1つで平らになっている

生息地域

触角が長い

色に濃淡がない

環境省提供

アルゼンチンの首都ブエノスアイレスで19世紀に発見され、この名がつきました。貨物にまぎれて日本に入った可能性が高く、1993年に広島で初確認されたあと、関東から南の12都府県に広がり、市街地や港にすみつきました。

ほかのアリに比べて触角が長く、数倍はやく動きます。巣には女王アリがたくさんいて増えやすく、集団で在来のアリの巣をおそって食べつくします。民家に入りこんで電気設備の内部をこわしたり、人をかんだりしますが、毒はありません。

分 類：ハチ目アリ科
　　　　アルゼンチンアリ属
体 長：2.5mm

危険度 4

ヒアリとまちがわれやすい
アカカミアリ 特 緊

この部分にトゲがない

生息地域

こぶが2つある

触角の先端がこん棒のように太くなっている

環境省提供

北米南部から中南米にかけて生息し、土の中に巣をつくる赤褐色のアリです。米軍の貨物にまぎれて世界中に広がり、日本にも持ちこまれたようです。小笠原諸島や沖縄諸島の米軍基地の近くで見つかります。

在来のアリを生息場所から追いだして生態系に影響をあたえるほか、排せつするあまい汁が害虫のカイガラムシの食物になることも。巣を刺激すると集団でおそいかかり、毒針でいっせいにさします。人がさされると痛みやかゆみなどの、アレルギー反応が出る可能性があります。

分 類：ハチ目アリ科
　　　　トフシアリ属
体 長：3〜8mm

危険度 3

外来生物のヒミツ

ヒアリと思ったらまず通報する

さわらずに、通報を！

ヒ アリはすぐに見つけ出せそうですが、赤い色のアリは在来種にも存在します。専門家でも顕微鏡などでくわしく調べないと、ヒアリかどうか見分けがつきません。

ヒアリかもしれないアリを見かけたら、さわってはいけません。アリ用のふつうの殺虫剤は効果がありますが、ほかの場所へにげたり、在来のアリに影響をあたえる可能性があります。見つけたら、まずは環境省の地方環境事務所や都道府県に通報しましょう。

上陸後、日本各地に広まった毒グモ

セアカゴケグモ

分類：クモ目ヒメグモ科 ゴケグモ属
体長：0.4～1cm

危険度 3 特 緊

生息地域

体は光沢のある黒色、
背中に赤い模様がある
（メス）

©CSIRO 2007

90年代に流入した毒グモ その後、各地で発見

オーストラリアが原産地と考えられている毒グモです。**おそらく貨物や建築資材などにまぎれて持ちこまれ、1995年11月に大阪府ではじめて見つかりました**。その後は、全国各地で発見されており、定着してしまいました。

がけや岩の下のくぼみ、港湾の建物近く、市街地やみぞの内部、駐車場や墓石の下などに生息して網をはり、落ちてきた虫などを食べます。夏に、50～200個の卵が入った袋のような卵のうを、一度に7～8個産みます。

死亡例もあるため、直接さわらず殺虫剤を

おとなしいクモですが、メスに筋肉をまひさせるなどの毒があり、注意が必要です。**かまれると痛みやはき気、めまいなどが起こります**。ふつうは数時間から数日で症状が軽くなりますが、海外では死亡例もあります。

駆除する場合、直接さわらずくつでふみつぶす、熱湯をかける（洗い流さないよう注意）、卵ごと巣を取りのぞく、よく使われるピレスロイド系の家庭用殺虫剤（人に対し毒性が低く環境にやさしい）をふきつける、といった方法が効果的です。

分類：コウチュウ目カミキリムシ科
　　　ジャコウカミキリ属
体長：22〜38mm

木を食いあらして弱らせる
クビアカツヤカミキリ

危険度 3

特 総（予定）

生息地域

首の部分が赤く、いいにおいがする

©罗捷2014

どんな生物？

特定外来生物に指定される見通し

中国、朝鮮半島、台湾、ベトナムが原産で、2012年に愛知県ではじめて見つかりました。日本に入ってきた年代も経路も不明ですが、貨物や木箱についてきたという説が有力です。

幼虫は、サクラ、ウメ、モモなどの木の内部を食べて、2〜3年すんだあとさなぎになり、6〜8月ごろ成虫になります。

成虫は木の外に出て暮らし、木の幹や皮の割れめなどに産卵します。成虫の命は2週間以上です。特定外来生物に指定される見通しです。

どんな害？

木の内部を食いあらし弱らせて枯らす

木の内部にすんで食いあらし、木を弱らせたり枯らしたりします。**東京のあきる野市では、150本の桜のうち60本が被害にあったケースもあります。**弱った木の枝が折れて落ちるなど、人にけがをさせるおそれもあります。

成虫はつかまえて処分。産卵時期には木にネットを巻き、成虫が木から拡散しないようにします。木の幹などに出入りしたような穴があれば、根っこまで食べられている可能性が高いので、ばっ採・焼きゃくします。

野外で見つかることが増えている
外国産カブトムシ、外国産クワガタムシ

危険度 3　定

（ヘラクレスオオカブト）
分類：コウチュウ目
　　　コガネムシ科
体長：45～180mm

生息地域
不明

（ヨーロッパミヤマクワガタ）
分類：コウチュウ目
　　　クワガタムシ科
体長：45～85mm

どんな生物？

飼育人気が非常に高く、外来種を数十万匹輸入

　カブトムシとクワガタムシは、さまざまな種が世界中に分布しています。大人から子どもまで飼育人気が高く、中央アメリカから南米が原産地のヘラクレスオオカブト、東南アジアが原産地のオオクワガタやヒラタクワガタ類などは、年間何十万匹も日本に輸入されています。どちらも基本的に幼虫は、ふよう土という枯葉からできた土が食物となります。成虫は木の樹液やくだものの汁などを吸います。どちらも、幼虫から飼育する愛好家が多数います。**昼間は活発に動かないものの、夜になると活動的になります。**

どんな害？

在来種との競いあいや交雑が問題

　カブトムシもクワガタムシも、外来種が野外で見つかる例が最近増えてきています。**在来種とのあいだに雑種が生まれたり、食物やすみかをめぐって競いあったりするおそれがあります。**海外では、日本向けに輸出するために、むやみにつかまえるなどの問題も報告されています。

　クワガタムシは、ダニなどの寄生生物などを持ちこむ危険があります。こうした害を防ぐには、にがしたり捨てたりせず、適切に飼育・管理することが大切です。

当たり前のようにさいている危険なキク

オオキンケイギク

危険度 **3**　特　緊

分類	：ハルシャギク属
高さ	：30〜70cm
花期	：5〜7月ごろ

生息地域

どんな生物？
観賞や緑化目的で栽培　今では各地で見られる

日本への流入は1880年代と古く、北米が原産地です。観賞や緑化目的で高速道路ぞい、うめ立て地などで栽培。線路わきなど、どこででも見られます。

どんな害？
カワラナデシコなどを減らし、栽培禁止に

いったん育ちはじめると河原などをおおうほど増え、在来のカワラナデシコなどの生息場所をうばってしまいます。現在は栽培が禁止されています。

生命力が強く、受粉しなくても種ができる

セイヨウタンポポ

危険度 **3**　重

分類	：タンポポ属
高さ	：10〜30cm
花期	：3〜5月ごろ

生息地域

どんな生物？
ヨーロッパが原産　じつは明治期に輸入

春から秋にかけて、空き地や公園などいたるところでさいていますが、じつはヨーロッパ原産です。食用や牧草用として明治期に輸入されました。

どんな害？
受粉せずに増えるため　在来種を追いはらう

根やくきを切った部分からも芽が出るなど生命力が強く、受粉せずに種子ができます。とても増えやすく、在来のタンポポの数を減らしてしまいます。

ヒメジョオン

生命力が強く駆除しにくい雑草

危険度 **1**　　総

分類	：ムカシヨモギ属
高さ	：50〜150cm
花期	：6〜10月ごろ

生息地域

どんな生物？

観賞用として導入
明治初年には雑草化

北米原産で、白やピンクの小さな花がさきます。1865年ごろに観賞用として導入。**土を選ばずに増えて、明治初年には雑草化**しています。

どんな害？

在来種と競いあい
しぶとく増える雑草

自然豊かな場所だけでなく、どんな場所でも増えます。在来種の生息場所をうばったり、成長をさまたげたりします。**生命力が強く、しぶとい雑草です。**

ナガミヒナゲシ

野草の生育場所をうばってしまう

危険度 **1**

分類	：ケシ属
高さ	：20〜60cm
花期	：4〜5月ごろ

生息地域

どんな生物？

貨物にまぎれて日本へ
かれんな花だが強い

1960年ごろ、貨物にまぎれて日本に流入した、地中海沿岸原産の植物です。かれんな花ですが、コンクリートの割れ目からも発芽する強さがあります。

どんな害？

1果実に1600粒もの種
急増して在来種を退ける

ひとつの果実に1600粒もの種子をもち、爆発的に増えます。そのため、生息場所から在来種などをけちらして、数を減らしてしまいます。

花粉がアレルギーの原因に

セイタカアワダチソウ

危険度 **3**

重

分類	：アキノキリンソウ属
高さ	：100〜250cm
花期	：8〜11月ごろ

生息地域

どんな生物？

戦後、急激に増加
種子と地下茎で分布拡大

1900年ごろ、北米から日本に持ちこまれ、戦後に急増しました。種子だけでなく、地下茎が横に広がり、どんどん茎の数を増やしていきます。

どんな害？

ススキなどの在来種を
減少させる

ススキやヨシなどの在来種と生息場所をめぐって競います。背が高く光をあびやすい点も有利に働き、在来種を減少させてしまいます。

植物

秋に花粉症をもたらす外来種

オオブタクサ

危険度 **3**

重

分類	：ブタクサ属
高さ	：100〜350cm
花期	：7〜10月ごろ

生息地域

どんな生物？

飼料などにまぎれて流入
その後、全国に拡大

1952年に、飼料や豆類などに種子がまぎれて日本に持ちこまれたようです。その後各地に拡大し、河川じき、堤防、畑や空き地などで一面に生えています。

どんな害？

花粉症の原因植物
在来サクラソウも減少

花粉症の原因のひとつであり、人間に健康被害をもたらします。また、種子をふくむ土が運ばれて各地に分布し、在来のサクラソウなどの数を減らします。

人や動物にくっついて運ばれる
ひと どうぶつ はこ

オオオナモミ

危険度 **2**　総
きけんど

分　類：オナモミ属
ぶん るい　　　　ぞく
高　さ：30〜150cm
たか
花　期：8〜12月ごろ
か き　　　　　がつ

生息地域
せいそくちいき

どんな生物
せいぶつ
？

1929年に日本へ
ねん にほん
果実はとげだらけ
かじつ

貨物や人について、1929年に日本に入ってきた
かもつ ひと　　　　　　ねん にほん はい
ようです。**果実の表面はとげがいっぱいで服にひっ**
かじつ ひょうめん　　　　　　　　ふく
かかりやすく、ひっつき虫ともよばれます。
むし

どんな害
がい
？

動物や人に運ばれ、
どうぶつ ひと はこ
増えて在来種が消える
ざいらいしゅ き

実にふくまれる種が、動物や人の服にからんで遠
み　　　　　　たね どうぶつ ひと ふく　　　　　とお
くに運ばれ、増殖。牧草地や空き地などに生え、在
はこ　　　　ぞうしょく ぼくそうち あ ち　　　　は ざい
来のオナモミなどが姿を消すおそれがあります。
らい　　　　　　　　　すがた け

とげの先にも細かいとげがある
さき こま

アメリカセンダングサ

危険度 **2**　総
きけんど

分　類：センダングサ属
ぶん るい　　　　　ぞく
高　さ：50〜150cm
たか
花　期：8〜10月ごろ
か き　　　　　がつ

生息地域
せいそくちいき

どんな生物
せいぶつ
？

実のとげの先にもとげ
み さき
水田などの水辺を好む
すいでん みずべ この

1920年ごろに琵琶湖、40年代に沖縄などで確認
ねん　　　　びわこ　　ねんだい おきなわ　　　　かくにん
されました。実の、ふたまたのとげ先にも細かいと
み　　　　　　　　　さき こま
げがあります。水田、湿地などの水辺を好みます。
すいでん しっち　　　　みずべ この

どんな害
がい
？

在来種やイネの
ざいらいしゅ
生き残りをはばむ
い のこ

在来種のセンダングサやイネ、水辺の貴重な種と、
ざいらいしゅ　　　　　　　　　　みずべ きちょう しゅ
生息場所をめぐる競いあいで有利に立ちます。これ
せいそく ばしょ　　　　きそ　　　　ゆうり た
らを減らして生き残りをはばんでしまいます。
へ　　　　い のこ

水中に根をのばすうき草

ボタンウキクサ

危険度 **1**　特　緊

分類：ボタンウキクサ属
高さ：10cm
花期：5〜10月ごろ

生息地域

どんな生物？

観賞用に持ちこまれた
レタスのようなうき草

原産は南アフリカで、別名はウォーターレタス。1920年代に観賞目的で持ちこまれました。水中に根をのばして、大きな葉を水平に広げるうき草です。

どんな害？

水面をおおい光をはばむ
在来種の成長をじゃま

根やくきによって増えて水面をおおい、光をさえぎって在来の水生種の成長をさまたげたり、数を減らします。増えすぎると湖や沼の水質を悪くします。

水面を不気味におおいつくす

ホテイアオイ

危険度 **1**　重

分類：ホテイアオイ属
高さ：10〜150cm
花期：6〜11月ごろ

生息地域

どんな生物？

明治期に観賞用で輸入
青むらさきの花がさく

南米が原産地です。明治期に観賞目的などで導入したうき草で、1972年に野生化が確認されました。青むらさきの美しい花をたくさんさかせます。

どんな害？

水面も水中もびっしり
船の運航や漁業に影響

水面をおおいつくして光をさえぎってしまい、水生の昆虫やほかの植物が生きられなくなります。水中も根だらけになり、船の運航や漁業をさまたげます。

特定外来生物リスト

外来生物法によって飼育、栽培、保管および運ぱんが原則禁止されている外来生物（2017年11月末時点）。
分類群・目・科は外来生物法による表記です。

動物

分類群	目	科	特定外来生物
哺乳類	カンガルー目	クスクス科	フクロギツネ
	モグラ目	ハリネズミ科	ハリネズミ属の全種
	霊長目（サル目）	オナガザル科	タイワンザル
			カニクイザル
			アカゲザル
			タイワンザル × ニホンザル
			アカゲザル × ニホンザル
	ネズミ目	ヌートリア科	ヌートリア
		リス科	クリハラリス（タイワンリス）
			フィンレイソンリス
			タイリクモモンガ ただし、次のものを除く。エゾモモンガ
			トウブハイイロリス
			キタリス ただし、次のものを除く。エゾリス
		ネズミ科	マスクラット
	食肉目（ネコ目）	アライグマ科	アライグマ
			カニクイアライグマ
		イタチ科	アメリカミンク
		マングース科	フイリマングース
			ジャワマングース
			シママングース
	偶蹄目（ウシ目）	シカ科	アキシスジカ属の全種
			シカ属の全種 ただし、次のものを除く。ホンシュウジカ・ケラマジカ・マゲシカ・キュウシュウジカ・ツシマジカ・ヤクシカ・エゾシカ
			ダマシカ属の全種
			シフゾウ
			キョン
鳥綱	カモ目	カモ科	カナダガン
	スズメ目	チメドリ科	ガビチョウ
			カオグロガビチョウ
			カオジロガビチョウ
			ソウシチョウ

分類群	目	科	特定外来生物
爬虫綱	カメ目	カミツキガメ科	カミツキガメ
		イシガメ科	ハナガメ（タイワンハナガメ）
			ハナガメ × ニホンイシガメ
			ハナガメ × ミナミイシガメ
			ハナガメ × クサガメ
	トカゲ亜目	アガマ科	スウィンホーキノボリトカゲ
		タテガミトカゲ（イグアナ）科	アノリス・アルログス
			アノリス・アルタケウス
			アノリス・アングスティケプス
			グリーンアノール
			ナイトアノール
			ガーマンアノール
			アノリス・ホモレキス
			ブラウンアノール
	ヘビ亜目	ナミヘビ科	ミドリオオガシラ
			イヌバオオガシラ
			マングローブヘビ
			ミナミオオガシラ
			ボウシオオガシラ
			タイワンスジオ
		クサリヘビ科	タイワンハブ
両生綱	無尾目（カエル目）	ヒキガエル科	プレーンズヒキガエル
			キンイロヒキガエル
			オオヒキガエル
			ヘリグロヒキガエル
			アカボシヒキガエル
			オークヒキガエル
			テキサスヒキガエル
			コノハヒキガエル
		アマガエル科	キューバズツキガエル（キューバアマガエル）
		ユビナガガエル科	コキーコヤスガエル
			ジョンストンコヤスガエル
			オンシツガエル
		ジムグリガエル科	アジアジムグリガエル
		アカガエル科	ウシガエル
		アオガエル科	シロアゴガエル

今後、ガー科全種、シリアカヒヨドリ、ヒゲガビチョウ、マルバネクワガタ属10種、クビアカツヤカミキリ、アカボシゴマダラが追加される予定。

分類群	目	科	特定外来生物
条鰭亜綱（魚類）	コイ目	コイ科	オオタナゴ
	ナマズ目	ギギ科	コウライギギ
		イクタルルス科	ブラウンブルヘッド
			チャネルキャットフィッシュ
			フラットヘッドキャットフィッシュ
		ナマズ科	ヨーロッパナマズ（ヨーロッパオオナマズ）
	カワカマス（パイク）目	カワカマス（パイク）科	カワカマス科の全種
			カワカマス科に属する種間の交雑により生じた生物
	カダヤシ目	カダヤシ科	カダヤシ
			ガンブスィア・ホルブロオキ
	スズキ目	サンフィッシュ科	ブルーギル
			コクチバス
			オオクチバス
		ハゼ科	ラウンドゴビー
		アカメ科	ナイルパーチ
		モロネ科（狭義）	ホワイトパーチ
			ホワイトバス
			ストライプバス
			ホワイトバス×ストライプバス
		パーチ科	ラッフ
			ヨーロピアンパーチ
			パイクパーチ
		ケツギョ科	ケツギョ
			コウライケツギョ
昆虫綱	コウチュウ目	コガネムシ科	テナガコガネ属の全種 ただし、次のものを除く。ヤンバルテナガコガネ
			クモテナガコガネ属の全種
			ヒメテナガコガネ属の全種
	ハチ目	ミツバチ科	セイヨウオオマルハナバチ
		アリ科	ヒアリ
			アカカミアリ
			アルゼンチンアリ
			コカミアリ
		スズメバチ科	ツマアカスズメバチ

分類群	目	科	特定外来生物
甲殻類	エビ目	ザリガニ科	アスタクス属の全種
			ウチダザリガニ/タンカイザリガニ（シグナルクレイフィッシュ）
		アメリカザリガニ科	ラスティークレイフィッシュ
		ミナミザリガニ科	ケラクス属の全種
		モクズガニ科	モクズガニ属の全種　ただし、次のものを除く。モクズガニ
クモ綱	サソリ目	キョクトウサソリ科	キョクトウサソリ科の全種
	クモ目	ジョウゴグモ科	アトラクス属の全種
			ハドロニュケ属の全種
		イトグモ科	ロクソスケレス・ガウコ
			ロクソスケレス・ラエタ
			ロクソスケレス・レクルサ
		ヒメグモ科	ゴケグモ属の全種　ただし、次のものを除く。アカオビゴケグモ
軟体動物門	イガイ目	イガイ科	カワヒバリガイ属の全種
	マルスダレガイ目	カワホトトギス科	クワッガガイ
			カワホトトギスガイ
	マイマイ目	スピラクスィダエ科	ヤマヒタチオビ（オカヒタチオビ）
扁形動物門	三岐腸	ヤリガタリクウズムシ科	ニューギニアヤリガタリクウズムシ

植物

分類群	目	科	特定外来生物
維管束植物	合弁花類	キク科	オオキンケイギク※
			ミズヒマワリ
			ツルヒヨドリ
			オオハンゴウソウ※
			ナルトサワギク
		ゴマノハグサ科	オオカワヂシャ※
	離弁花類	ヒユ科	ナガエツルノゲイトウ
		セリ	ブラジルチドメグサ
		ウリ科	アレチウリ
		アリノトウグサ科	オオフサモ
		アカバナ科	ルドウィギア・グランディフロラ（※オオバナミズキンバイ等）
	単子葉植物	イネ科	ビーチグラス
			スパルティナ属全種
		サトイモ科	ボタンウキクサ
シダ植物		アカウキクサ科	アゾラ・クリスタータ
	ナデシコ	モウセンゴケ科	ナガエモウセンゴケ

※切り花は除く。

50音順さくいん

■監修者紹介　今泉忠明（いまいずみ・ただあき）

1944年東京生まれ。日本動物科学研究所所長。東京水産大学（現・東京海洋大学）卒業。国立科学博物館でほ乳類の分類学、生態学を学ぶ。上野動物園の動物解説員を経て、現在は「ねこの博物館」館長。おもな著書に『外来生物最悪50』（SBクリエイティブ）、『進化を忘れた動物たち』（講談社）、監修書に『ざんねんないきもの事典』（高橋書店）、『海外を侵略する日本＆世界の生き物』（技術評論社）、『オールカラー大図鑑　世界の危険生物』『日本にしかいない生き物図鑑』（以上、PHP研究所）など多数ある。

■編集・構成　造事務所（ぞうじむしょ）

1985年設立の企画・編集会社。編著となる単行本は年間30数冊。編集制作物に『探検！世界の駅』『はたらく動物 大研究』（以上、PHP研究所）、『はじめよう！ アクティブ・ラーニング（全5巻）』（ポプラ社）などがある。

◆カバー＆本文デザイン／大木真奈美

◆文／東野由美子

◆イラスト／岡澤香寿美

◆DTP／中平都紀子

■写真提供

Nannycz/Shutterstock.com（p11下）、Becky Sheridan/Shutterstock.com（p4右,p21上左,上右）、K Steve Cope/Shutterstock.com（p21上中）、kiki/PIXTA（p3下,p26）、Ogasawara-Photo/PIXTA（p4右から2番目,p27）、Leena Robinson/Shutterstock.com（カバー,p5左,p37）、isoga/Shutterstock.com（p39）、vincent noel/Shutterstock.com（p41上右）、Mindmo/Shutterstock.com（p47）、Nicholas Toh/Shutterstock.com（カバー,p48）、feathercollector/Shutterstock.com（p54左）、Melinda Fawver/Shutterstock.com（p57下）、写真AC、Pixtabay

外来生物のひみつ
ヒアリからカミツキガメ、アライグマまで

2018年 2 月 1 日　第1版第 1 刷発行
2024年12月19日　第1版第 4 刷発行

監修者　今泉忠明
発行者　永田貴之
発行所　株式会社PHP研究所
　　　　東京本部　〒135-8137　江東区豊洲5-6-52
　　　　　　児童書出版部 ☎ 03-3520-9635（編集）
　　　　　　普及部 ☎ 03-3520-9630（販売）
　　　　京都本部　〒601-8411　京都市南区西九条北ノ内町11
　　　　PHP INTERFACE　https://www.php.co.jp/
印刷所
製本所　TOPPANクロレ株式会社